筑境

中国精致建筑100

1 建筑思想

风水与建筑
礼制与建筑
象征与建筑
龙文化与建筑

2 建筑元素

屋顶
门
窗
脊饰
斗栱
台基
中国传统家具
建筑琉璃
江南包袱彩画

3 宫殿建筑

北京故宫
沈阳故宫

4 礼制建筑

北京天坛
泰山岱庙
闾山北镇庙
东山关帝庙
文庙建筑
龙母祖庙
解州关帝庙
广州南海神庙
徽州祠堂

5 宗教建筑

普陀山佛寺
江陵三观
武当山道教宫观
九华山寺庙建筑
天龙山石窟
云冈石窟
青海同仁藏传佛教寺院
承德外八庙
朔州古刹崇福寺
大同华严寺
晋阳佛寺
北岳恒山与悬空寺
晋祠
云南傣族寺院与佛塔
佛塔与塔刹
青海瞿昙寺
千山寺观
藏传佛塔与寺庙建筑装饰
泉州开元寺
广州光孝寺
五台山佛光寺
五台山显通寺

6 古城镇

中国古城
宋城赣州
古城平遥
凤凰古城
古城常熟
古城泉州
越中建筑
蓬莱水城
明代沿海抗倭城堡
赵家堡
周庄
鼓浪屿
浙西南古镇廿八都

7 古村落

浙江新叶村
采石矶
侗寨建筑
徽州乡土村落
韩城党家村
唐模水街村
佛山东华里
军事村落—张壁
泸沽湖畔“女儿国”—洛水村

8 民居建筑

北京四合院
苏州民居
黟县民居
赣南围屋
大理白族民居
丽江纳西族民居
石库门里弄民居
喀什民居
福建土楼精华—华安二宜楼

9 陵墓建筑

明十三陵
清东陵
关外三陵

10 园林建筑

皇家苑囿
承德避暑山庄
文人园林
岭南园林
造园堆山
网师园
平湖莫氏庄园

11 书院与会馆

书院建筑
岳麓书院
江西三大书院
陈氏书院
西泠印社
会馆建筑

12 其他

楼阁建筑
塔
安徽古塔
应县木塔
中国的亭
闽桥
绍兴石桥
牌坊

筑境

中国精致建筑100

中国传统家具

胡德生 撰文/摄影

中国建筑工业出版社

出版说明

中国是一个地大物博、历史悠久的文明古国。自历史的脚步迈入新世纪大门以来，她越来越成为世人瞩目的焦点，正不断向世人绽放她历史上曾具有的魅力和光辉异彩。当代中国的经济腾飞、古代中国的文化瑰宝，都已成了世人热衷研究和深入了解的课题。

作为国家级科技出版单位——中国建筑工业出版社60年来始终以弘扬和传承中华民族优秀的建筑文化，推动和传播中国建筑技术进步与发展，向世界介绍和展示中国从古至今的建设成就为己任，并用行动践行着“弘扬中华文化，增强中华文化国际影响力”的使命。从20世纪80年代开始，中国建筑工业出版社就非常重视与海内外同仁进行建筑文化交流与合作，并策划、组织编撰、出版了一系列反映我中华传统建筑风貌的学术画册和学术著作，并在海内外产生了重大影响。

“中国精致建筑100”是中国建筑工业出版社与台湾锦绣出版事业股份有限公司策划，由中国建筑工业出版社组织国内百余位专家学者和摄影专家不惮繁杂，对遍布全国有历史意义的、有代表性的传统建筑进行认真考察和潜心研究，并按建筑思想、建筑元素、宫殿建筑、礼制建筑、宗教建筑、古城镇、古村落、民居建筑、陵墓建筑、园林建筑、书院与会馆等建筑专题与类别，历经数年系统科学地梳理、编撰而成。本套图书按专题分册，就其历史背景、建筑风格、建筑特征、建筑文化，结合精美图照和线图撰写。全套100册、文约200万字、图照6000余幅。

这套图书内容精练、文字通俗、图文并茂、设计考究，是适合海内外读者轻松阅读、便于携带的专业与文化并蓄的普及性读物。目的是让更多的热爱中华文化的人，更全面地欣赏和认识中国传统建筑特有的丰姿、独特的设计手法、精湛的建造技艺，及其绝妙的细部处理，并为世界建筑界记录下可资回味的建筑文化遗产，为海内外读者打开一扇建筑知识和艺术的大门。

这套图书将以中、英文两种文版推出，可供广大中外古建筑之研究者、爱好者、旅游者阅读和珍藏。

目录

中国传统家具

中国古代传统家具是由低型逐渐向高型发展。这是由人们起居形式的变化所决定的。汉代以前，人们席地而坐，使用的家具主要有茵席、床榻、几、案等。在坐卧具的品类中，又以茵席使用最早，且可舒可卷，随用随设，既轻巧又灵便。《太公六韬》上说："桀纣之时，妇女坐以文绮之席，衣以绫纨之衣。"可知当时已有很讲究的茵席了。周天子手下还设有专门的官吏，名"司几筵"，掌管铺陈之事。这时的茵席不仅广泛使用，并且和烦琐的礼仪联系在一起。

和席同时使用的还有筵。《周礼·春官·司几筵》注说："筵，亦席也，铺陈曰筵，藉之曰席。"使用时先在地上铺筵，然后在筵上根据需要另设小席，人就坐在小席之上。筵席上的几案，亦由司几筵负责陈设。

席分长方和正方两种，长的或二人或三四人用，方的为独坐用，是专为招待老人或贵客的一种礼仪用具。后来发展了床和榻，使用方法与席相同。这种习俗一直沿用到汉代末期。

图0-1 北齐《校书图》中的坐榻/左图
此图所表现的大榻是六朝至唐、五代较为流行的一种多用途家具。它的特点是采用箱式壸门结体，尺度较前代宽大，高度也明显增加。

图0-2 敦煌285窟西魏壁画所绘椅子/右图
唐代以前无"椅子"名称，人们统称为"胡床"。就其形象讲，它是我国现存较早的椅子资料。

图0–3 陕西西安市长安区唐墓壁画《宴饮图》

魏晋至隋唐时期，是席地坐向垂足坐、低型家具向高型家具转变的过渡时期。在这一时期内，各种形式的起居习惯都同时存在。图中表现的踞居坐和垂足坐形式与汉代以前的坐式大不相同。

图0-4 宋代《村童闹学图》中的桌、凳

宋代，高型家具空前普及，并改变了唐以前流行的箱式壶门结体，代之以仿建筑形式的梁架结构。图中所示桌、凳均为梁架结构的家具。

两晋南北朝时期，由于民族大融合的结果，西周流传下来的烦琐礼乐制度遭到极大的破坏。东汉灵帝时北方传入的胡床，到这时也得到推广。人们的起居方式发生了一定的变化。尽管席地起居的习俗还未改变，而使用的家具却已逐渐升高。供一人使用的独坐床已广泛使用。周围还施以可拆卸的矮屏风。供睡眠用的床也已增高，下部装饰壶门，上部加床顶，用以挂帐。人们既可坐于床上，又可垂足坐于床沿。供坐时倚靠的凭几、隐囊、长几等也在这时发展起来。到南北朝时期，椅子、凳子、束腰圆凳等高型坐具也相继发展起来。这对当时人们的生活习惯和起居方式产生极大的影响。

隋唐五代时期，桌案、香几等家具也多了起来。但从当时壁画及传世名画中人物与家具的比例关系看，还未达到合理的使用高度。这恰恰说明了家具由低型向高型发展过渡的特点。到两宋时期，终于完全改变了商周以来跪坐起居的生活习惯和与其有关的家具形式。宋代，不仅桌椅等日用家具在民间得到普及，品种也在增加。如专用的琴桌、对弈的棋桌等，成堂配套的整组概念也在这时形成。

图0-5 明代黄花梨四出头式官帽椅

明代，家具艺术发展到成熟时期，突出表现为家具的造型、尺度与人体各部比例紧密结合，注重使用功能。这件扶手椅，除各部比例适度外，背板做成曲线形，极符合人体工学原理。

图0-6 清代紫檀嵌瓷扶手椅

清代，由于手工艺技术的进一步发展，各种工艺手法在家具上都有体现。形成多种材料并用、多种工艺结合的清式家具风格。这件嵌青花瓷板椅背的椅子，是典型的清代雍乾时期作品。

宋代家具的突出特点是打破了唐五代以前惯用的箱式壸门结体，代之以梁柱式的框架结体。其次是使用了装饰性的各式线脚，如束腰、马蹄等。这为后来明清家具的进一步发展打下了基础。

我国传统家具发展到明代，艺术性和科学性都达到了很高的水平。除结构上使用了复杂的卯榫，造型达到了很高的成就外，还突出表现为家具的比例、尺寸与人体各部关系的和谐，充分满足了人们的生活需要。所以这是一种集艺术性、科学性、实用性于一身的传统艺术品。明式家具风格特点主要表现在以下几个方面。①造型大方，比例适度，轮廓简练、舒展；②结构合理，卯榫精密，坚实牢固；③精于选料配料，重视木材本身的自然纹理和色泽。雕刻图案及线脚处理得当；④金属饰件式样玲珑，色泽柔和，起到很好的装饰作用。

清式家具在康熙朝以前，仍保留着明代风格，故被列为明式家具范畴。进入雍正朝，家具在造型上出现了变化。尤其是椅子，很少有明式那种柔婉的造型，而代之以屏风式直角的靠背扶手；其次是装饰华丽、广泛吸收工艺美术成就，运用镶嵌、雕刻、彩绘等手法，巧妙地装饰家具，具有稳重、精致、豪华、艳丽的艺术效果。

自1840年鸦片战争后，由于帝国主义的入侵，造成连年战乱，中国各种手工业遭到极大破坏，家具艺术亦由此衰落下去，形成中国传统家具的没落时期。

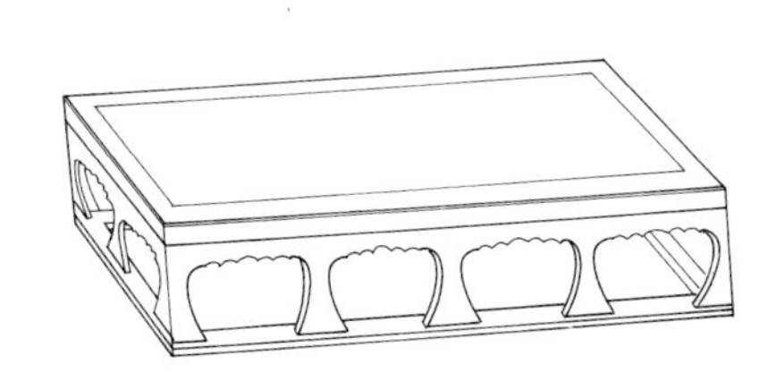

图0-7 宋代以前流行的箱式壸门结体家具

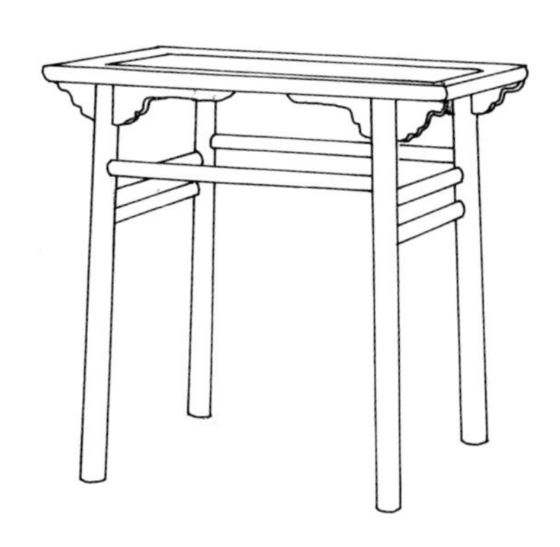

图0-8 宋代以后流行的梁架结体家具

一、家具与礼仪

家具作为社会物质文化的一个组成部分，不仅仅是供人们使用的生活必需品，也不只是匠技艺术的记录和表现，在它的使用功能中，体现着浓厚的民族思想观念、道德观念和行为模式。数千年来，家具始终与社会的政治、文化以及人们的风俗、信仰、生活习惯等方面保持着极其密切的关系。

我国自奴隶制社会开始，即已出现明显的等级制度和社会道德规范。到公元前11世纪，周人综合前代宗法制度和祭祀礼仪，制定一套完整的礼乐制度，记载在《周礼》、《仪礼》这两部书中。其后，《礼记》一书又从理论上对这两部书作了必要的解释和补充说明。这三部书，详细记载了周朝的等级名分制度。规定君臣、父子、兄弟、夫妇、朋友之间的衣食住行，包括封国、命侯、宴客和婚丧、祭祀、起居等都必须按照尊卑、亲疏、长幼的次序，行使规定的权利和义务。也就是说，无论做什么事，都必须严格遵守礼的规定。数千年来，这些观念一直潜移默化地影响着后人，有的已成

图1-1 马王堆出土莞席

莞席，是汉代前人们常用的坐卧具。汉代以前，人们席地而坐，地位和身份较高的人可以坐榻，榻上亦需铺设莞席。

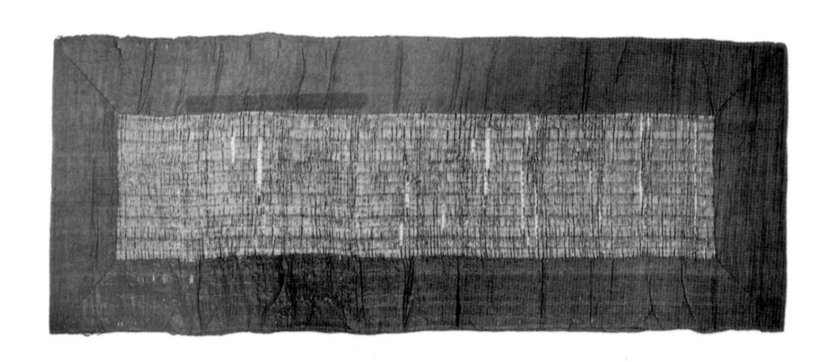

图1-2 战国雕花漆几
战国时期，以楚国为代表，仍保留着西周时期的礼乐制度，规定天子用五席、五几，在不同的活动中使用不同的几。这件雕几，按礼制规定，是诸王祭祀时放在右侧供神灵享用的。

为中华民族，特别是汉族的传统道德和风俗习惯而流传至今。

《周礼·春官·司几筵》规定司几筵主管五种几、案，五种席垫的名称品质，依据不同规则和不同用途进行布置和陈设。凡有大型朝觐、宴饷和射仪，或分封国邑，策命诸侯的时候，王的位前设置绛色底，白、黑花纹的屏风。屏风朝前的方向铺设镶白边的莞席，上面加铺绣云气花纹的藻席。藻席之上又铺绣有黑白斧纹边的次席。左右安放嵌有玉石的几。祭祀先王和王受酢的席也像这样摆设。诸侯祭祀的席，是先在地上铺绣有方格花纹的蒲席，上面再铺上白边的莞席，右侧安放雕几。献酒的酢席，下铺白边的莞席，再铺绣有云气花边的藻席。为国宾在窗前铺设筵席也同样，左边安放雕几。君王四时田猎，铺放用熊皮制成的熊席。右侧放漆几。如果是丧事祭奠，铺设苇席，右侧陈放素几。《尚书·周书·顾命》中还提到周成王临死前向群臣作遗诏时，仍要洗手洗面，还要穿上冕服，凭倚玉几。以示其周天子的地位与名分。即使死后，还要设立如生前所坐的天子席位。由此可见各类家具在周朝贵族间的礼仪中，也和人一样有着严格的等级和尊卑贵贱差别。和贵族们的政治、生活规范紧密地联系在一起。

家具中的几除显示等级、名分外，还是尊敬老人之具。《礼记·曲礼》中说："大夫七十而致事，若不得谢告，则必赐之几杖。"又说："谋于长者，必操几杖以从之。"意思是说大夫满70岁而辞官的，必赐予几杖。在为长者进几杖时，还要拂去尘土以示尊敬。即所谓"进几杖者抚之"。古代习俗、人几在左，神几在右，故通常只设右几，偶设左几，则是优待老人或尊者的一种礼遇，右侧五几，具为神灵或祖先而设。可见家具在古代礼仪中的作用。

图1-3 汉代宴饮画像砖（四川成都出土）
此图描绘汉代茵席和食案的使用情况。食案都比较矮，适合席地而坐时使用。

图1-4 内蒙古元宝山壁画中夫妇对坐图

交椅在宋元时期等级较高，一般只有家中男主人才可使用，妇女及下等人多用凳子或其他坐具。

图1-5 故宫储秀宫内景
明清时期，皇宫乃至民居多于厅堂正中摆放条案，上陈摆饰，前面放一方桌，方桌两侧各陈靠背扶手椅一张。是这一时期常见的陈设模式。

战国以后出现了床和榻，但并不普遍，床榻都很矮。使用习俗与席相同。只有天子和长者才有资格享用。官员及平民仍以茵席为主。

汉代礼俗基本沿袭西周，据《西京杂记》载："汉制天子玉几，冬则加绨锦其上，谓之绨几……公侯皆以竹木为几，冬则以细罽为橐以凭之，不得加绨锦。"

汉代平民坐席亦有很严格的规矩。如果坐席的人数较多，其中长者或尊者须另设一席别坐。即使有时与其他人同坐一席，长者或尊者亦必坐在首端。而且同席的人必须尊卑相当，不得差别过大，否则尊者自以为受辱。古书中常记有因坐席不当，长者自以为辱，于是拔剑割席分而坐之的事情。例如《史记》载："任安与田仁，俱为卫将军舍人，居门下，卫将军从此二人过平阳公主家，令二人与骑奴同席而食。此二人裂断席，别坐。"《世说新语》：

“管宁与华歆同席读书，有轩冕过门者，宁读书如故，歆废书出看，宁割席分坐，曰：子非吾友也。”此外，古代还有男女不在一起居坐，不在同一个衣架上挂衣服的习俗。

唐五代以后，人们的起居习俗发生了极大的变化。垂足起居代替了席地起居。汉代以前那种烦琐的礼节也不太讲究了。但在个别家具品种和特殊场合中，家具仍是礼仪和等级名分的象征。如历代帝王宫殿中的宝座，象征最高统治者至高无上的权力和地位。龙纹和凤纹装饰的家具也只供皇帝及后妃们使用。在民间，家具亦有贵贱之分，椅子的名分就高于凳子。交椅在众类椅子中又高一等。到宋元时期，仕宦贵族及名望人家中都置备交椅。这在当时家具品类中属高档货。只供家中男性主人和贵客使用。女主人只能坐一般形式的椅子或凳子。平民百姓则无资格使用。在元代《事林广记》插图中描绘了一幅男主人接待宾客的情景，主人和宾客分别坐在大厅正中的交椅上对话，其他侍从人等皆垂手站立。内蒙古元宝山元墓壁画中男主人与妇人对坐，男主人端坐交椅上，而女主人坐的则是圆凳。山西文水北峪口元墓壁画中的夫妇对坐图，男主人坐的是交椅，两位妇人坐的是带围套的方凳。

明清时期，民间普通家庭多于厅堂正中设一长条案，摆放一组陈设。案前放一方桌，略低于长条案面。方桌上陈放茗瓶茶具，方桌两侧各放一把圈椅或官帽椅，显得庄重严肃。这种陈设格式，礼仪性很强。通常情况下，有贵客来访，主人至门外迎接，引至正厅，主人以手势相配合请客人入座，客人亦以手势相配合请主人另一侧入座，以示谦恭。然后双方相揖入座。正厅两厢一般还要纵向平设数椅。如果客人较多，除主客外，其余人则按长幼次序分坐两旁。

中国古代文化素有道器一体的特质，家具亦是其中之一。它不仅仅是一件生活或祭祀用具，而是体现着尊卑长幼的等级名分，以及传统礼仪的风俗习惯。成为权力与地位、礼仪与民俗的标志。

二、低型家具的普及和高型家具的兴起

中国古典家具由低型向高型转变时正处在魏晋南北朝时期。这时期正是中国前所未有的民族大融合时期。特别是西晋以后，居住在边远地区的一些民族先后入主中原，同时，以丝绸之路为纽带的中西文化交流，佛教的东传与流行，使中国的传统宗教信仰和生活习惯受到极大的影响和冲击。加上建筑技术的进步和发展，尤其是斗栱的成熟和使用，进一步扩展了室内空间，这就要求家具要以新的形态来适应新的要求。在这种形式下，汉代以前那种传统礼仪和席地坐卧的起居习惯遭到很大破坏。传统家具的高度呈现逐渐增加的趋势。并出现了一些新的家具品种。如睡眠用的床，已明显增高，上面还加床顶，四围挂帐。床面四围施以可拆卸的矮围子。日常起居用的床也都加高加大，下部以壶门作装饰。人们既可坐在床上，也可垂足坐在床沿。这个时期，虽已出现垂足坐的形式，但并不普遍。起居习惯仍以席地坐的形式为主。不同的是跪坐形式逐渐减少，而两腿向前朝里盘曲的箕居坐开始增多。床上出现了供倚凭用的长几、隐囊（大枕）和半

图2-1 东晋《女史箴图》中的架子床/对面页上图
架子床是魏晋时期使用较多的一种家具，当时的史书中多有记载和描述。这幅架子床图像是现存较早的架子床资料。

图2-2 南朝《陈文帝像》中的坐榻/对面页下图
南北朝时期的坐榻和汉魏时期相比，高度明显增加。图中所示即当时流行的箱式壶门结体的坐榻。

圆形的凭几（又称“曲几”）。两牒式或四牒可以移动的屏风这时期也发展为多牒式。东汉末年传入的胡床开始向民间普及。椅子、方凳、圆凳、束腰圆凳等高型坐具也在此时开始使用。这些新家具的发展，说明当时人们的起居习惯和室内空间的处理与运用正在发生深刻变化，成为唐五代以后逐步废止席地起居和低型家具的前奏。

隋唐五代时期，是席地坐向垂足坐，低型家具向高型家具发展转化的高潮时期。在这一时期内，各种形式的起居习惯都同时存在。就发展趋势而言，一方面表现为各类家具的尺度在继续增高，另一方面是新的高型家具品种也

图2-3 北魏石刻《礼佛图》中的筌篨

筌篨，亦名筌台，在当时的寺院及上层贵族中是极受推崇的坐具。它是由战国时的熏笼演化而来，受胡床等高型坐具影响，而成为正式的坐具。

图2-4 唐代卢楞伽《六尊者像》之一中的椅子、香几

唐代时，椅子在寺院和宫廷中已很常见，且制作讲究，有的镶金缀玉，异常华丽。高型香几也在这时出现。继而在上层社会普及，民间还不经见。

图2-5 敦煌唐代壁画中的长桌、长凳

此图描绘的是唐代士民生活情景，图中长凳虽较前代增高，但这不是合理的高度。中间的长案，因高度不足，须放在附设的台架上。说明唐代家具正处在低型向高型转化的过渡时期。

图2-6 唐代《宫乐图》中的壶门床榻

唐代壶门式床榻开始向宽大发展，榻上可坐五至六人，这种榻有时也用于宴饮、娱乐，属多用途家具。如图所示即为明证。

在不断出现。除汉末传入中原的胡床外，束腰圆凳、方凳、椅子和桌子、案子高几等也逐渐普及。并且有了“椅子”这个名称。到五代时期，各类家具的比例尺度已接近现代家具的高度。从当时著名的《韩熙载夜宴图》中，可以看到床、榻、屏风、桌、椅、绣墩等各式家具和室内陈设情况。图中人物已完全摆脱了席地起居的旧俗。家具的形态也已基本定形。从众多的资料证明，五代时期，已基本进入了高坐垂足起居的历史时代。

三、以官衔命名的家具

在中国古典家具品类中，有一种以官衔命名的家具，叫“太师椅”。这是北宋时兴起的一种椅名。以后在宋元明清的史书及名人笔记中，以及现今流行的几部有影响的辞书中均有记载和描述。

所谓太师椅，实际上是栲栳圈椅子的一个品种。确切地讲是在栲栳圈椅背上另安一个荷叶形托首。后来人们把可以折叠的交椅都称为太师椅，显然是不对的。

有关太师椅的名称最早见于宋代张端义的《贵耳集》：“今之交椅，古之胡床也，自来只有栲栳式，宰执侍从皆用之。因秦师垣在国忌所，偃仰，片时坠巾。京尹吴渊奉承时相，出意选制荷叶托首四十柄，载赴国忌所，

图3-1 宋代《春游晚归图》中的太师椅

太师椅在宋代是等级较高的家具。相传为宋代任太师的大奸臣秦桧所创，因名太师椅。宋代高官显贵们外出巡游，常命侍从携带此椅，以备随时休息使用。

图3-2 明代圈椅

圈椅在明代使用较广，等级也较高。王公贵族及仕宦大家多置备圈椅。在使用中取代了宋代流行的带托首交椅（即太师椅）。由于圈椅在椅类中等级较高，人们仍因旧名，称其为“太师椅”。

遣匠者顷刻添上。凡宰执侍从皆有之。遂号太师样。”秦师垣，即当时任太师的大奸臣秦桧。这段记载可明显说明太师椅就是在交椅的椅圈上装一个木制荷叶托首。岳飞的孙子岳珂在《桯史》卷七“优伶诙语”条说：“秦桧以绍兴十五年四月丙子朔，赐第望仙桥。丁丑，赐银绢万疋两，钱千万，彩千缣。有诏就第赐燕，假以教坊优伶，宰执咸与。中席，优长诵致语，退，有参军者前，褒桧功德。一伶以荷叶交倚从之，诙语杂至，宾欢既洽，参军方拱揖谢，将就倚，忽坠其幞头。乃总发为髻，如行伍之中，后有大巾镮，为双叠胜。伶指而问曰：‘此何镮？’曰：‘二胜。’遽以朴击其首曰：‘尔但坐太师交倚，请取银绢例物，此镮掉脑后可也。’一坐失色，桧怒。明日下伶于狱，有死者。”这段记载中所提到的交倚，明确指出是荷叶交倚。且在文中又称其为太师交倚（此古文中“倚”即“椅”；“燕”即“宴”——编者注）。进一步说明宋代太师椅，就是可以折叠的带荷叶托首的交椅。

宋人王明清《挥尘三录》记载说：“绍兴初，梁仲谟汝嘉尹临安。五鼓，往待漏院，从官皆在焉。有据胡床而假寐者，旁观笑之。又一人云：‘近见一交椅，样甚佳，颇便于此。’仲谟请之，其说云：‘用木为荷叶，且以一柄插于靠背之后，可以仰首而寝。’仲谟云：‘当试为诸公制之。’又明日入朝，则凡在坐客，各一张易其旧者矣。其上所合施之物，悉备焉，莫不叹伏而谢之。今达宦者皆用之，盖始于此。”

a

b

c

图3–3 宋、明、清时期太师椅的不同式样

有关荷叶托首太师椅的形状在宋代《春游晚归图》中描绘得很清晰。图中描绘一个官员春游归来，鞍前马后簇拥十余侍从。其中一侍从肩扛的就是这种带荷叶托首的太师椅。以供主人随时休息用。从《挥尘三录》所记和《春游晚归图》的描绘，可以了解到太师椅在宋代的使用情况。

明代时，太师椅之名仍很流行。但椅形已不是指带荷叶托首的交椅，而是下部框式方座，上部安栲栳样椅圈的圈椅，称之为太师椅了。明沈德符《万历野获编》说：“椅之有杯棬联前者，名太师椅。”照此推断，似乎凡椅背，扶手呈弧形圈者，皆可称为太师椅。这种论断显然是不妥的。

清代多把屏背式扶手椅称为太师椅。清人李斗《扬州画舫录》引《工段营造录》说：“椅有圈椅、靠背、太师、鬼子诸式。”这里把圈椅和太师椅并提，说明清代太师椅不是指的交椅和圈椅。清代把屏背式扶手椅称为太师椅，除了对使用这种椅子的官宦、长辈们表示尊敬外，还因为这种椅子多用狮子纹作装饰图案。称其为太师椅也就不足为奇了。

四、家具与建筑

我国古代家具与建筑是随着人们起居习惯的演变逐渐发展的。家具的使用和建筑紧密地联系在一起。建筑是空间，家具是实体，光有建筑而没有室内家具，不能充分满足人们的生活需要，建筑也就失去应有的意义。

汉代以前，建筑高度一般较矮，受建筑空间限制和西周礼乐制度的影响，人们崇尚席地起居的习俗。使用的几案、屏风等日用家具都很矮。随着东汉末期建筑技术的提高，室内空间不断扩大。佛教也在这时期传入我国，随之而来的胡床等高型坐具开始在寺院内使用。从敦煌壁画和石窟造像看，魏晋时期，坐胡床和高坐垂足，交脚的坐式已很常见。而反映同时代平民生活的墓葬壁画和出土实物却还较多地保留着低坐起居的习惯。这说明，高型家具和垂足起居是随着建筑技术的提高和佛教的传入而兴起的，并首先在寺院流行。

反映寺院家具的资料当以敦煌壁画和石窟造像以及当时的绘画作品居多。如龙门石窟北魏《病维摩》像中的卧榻和隐囊。敦煌285窟壁画中的西魏椅子（当时称胡床）。在唐代卢楞伽的《六尊者像》中的大椅、香几、供案、束腰供桌，从画面看，皆属镶金缀玉的高档家具。相对而言，有些家具品种和起居习惯是先在寺院兴起，继而影响上层贵族，再逐渐向民间普及。敦煌唐代壁画中常见一种高座架子床，座高超过供案。床上加顶，左右后三面挂帐。高僧踞坐床上，向群僧讲经说法。其床面加高的目的在于居高临下，使讲话的声音传得

图4-1 唐《六尊者像》

魏晋至隋唐，随着建筑技术的提高，扩大了室内空间。高型家具首先在寺院和皇宫里发展起来。图中高僧所坐禅椅和前面的束腰条桌，已达到很精丽的程度。

更远。作用相当于现今会场上的主席台。

两晋南北朝时期，私家园林逐渐发展，唐代园林更多。官署中和贵族官僚多在近郊利用自然环境营建园圃和别墅。经五代到宋，由于社会经济繁荣，进一步促进了园林事业的发展。到明清两代，更是有增无减。当时不少官僚兼文人画家自己设计并参与造园工作。将他们的生活思想及传统文学和绘画所描写的意境融贯于园林的布局与造景之中。一时间，挖池、筑山、叠石、广植花木、大兴土木，营建亭台楼阁，除游览观赏外，还兼供居住之用。这种风气必然会促使家具事业的发展，并形成适合园林特点的新式家具。最典型的是宋代黄长睿发明的“燕几”和明代戈仙发明的“牒几”。

燕几，亦称宴几，由七件组成，有着非常严格的比例要求。它可根据使用场合和人数多少灵活运用。它可长、可方、可大、可小，随意而设，极适合在园林内使用。

牒几，形状别致，由十三件组成。它不仅可拼成方形、长方形，亦具备可大、可小的特点，可以填补墙角，用以陈设花卉或山石盆景。

天然木家具，在宋代及明、清园林绘画中时有所见。明、清时还有传世实物遗存。其特点是用天然蟠曲的古藤或植物的根茎拼合成各式家具。其拼缝处衔接巧妙，丝毫不露拼接痕

图4-2 唐代高座架子床

该图中所绘架子床并非卧具，而是高僧讲经说法时所用的坐具。坐面颇高，居高临下，使声音传得更远。是寺庙建筑中的特殊家具。

图4-3 清代树根家具（亦称天然木家具）
树根家具，又称天然木家具。宋代时有所见，明清更为普遍，是随着园林艺术发展而出现的家具品种，极具野趣情调。

迹。陈设在园林中的敞轩，供游客休息之用，极具野趣情调，备受文人雅士的青睐。其他还有可移动的折叠屏风和陈设古玩的博古架，对组织室内空间及增加层次和深度，都起着重要的作用。

五、古典家具的装饰

家具在居室殿堂中陈设，不仅有使用价值，同时也有观赏价值，看一件家具，首先注意到的是它的造型和装饰。一件家具的某一部件经过匠师们的艺术加工，既对家具整体起到牢固作用，同时又收到俊秀、典雅的艺术效果。古典家具的装饰手法丰富多彩，归纳起来有如下几种。

1. 漆饰

在传统家具中，以漆髹饰的家具占有很大比重。使用优质硬木是明代中期以后的事了。从商周开始，人们已掌握了用漆髹饰家具的技术。春秋战国到两汉时期，漆饰家具已很发达，并有大量的实物出土。河南信阳长台关出土的战国彩漆木床，雕花漆几、漆案，湖北随州曾侯乙墓出土的战国漆几、漆案、衣箱等，以及长沙马王堆出土的汉代漆案、漆屏风等，都是当时杰出的作品。唐宋时期，宫廷内制作

图5-1 战国曾侯乙墓出土衣箱

战国时期，漆工艺术空前发展。日用器物大多饰漆，既起保护作用，又起装饰作用。这件衣箱上用彩漆装饰青龙、白虎图案。

图5-2 宋真宗章懿李皇后像

宋代，椅子的名称得到普及，并普遍采用梁架结构，同时在器物上彩绘、镶嵌装饰品或垂挂流苏。

了一批漆家具，从唐代宫乐图、双陆仕女图和宋代帝后像中可以看到这种色彩纹饰艳丽华贵的漆家具。明清两代，髹漆工艺又有发展，品种也较前代增加，亦有相当数量的实物传世。

漆器家具常见有素漆、彩漆、雕漆和填嵌几种。素漆家具指的是以单色漆油饰家具。有黑、朱、黄、绿、紫、褐等色。黑漆又名乌漆、玄漆。以黑漆饰物又称黑髹。其他单色漆亦可称为朱髹、黄髹、绿髹等。漆一般分揩光和退光两种，揩光漆表面莹华光亮，退光漆表面发乌，并不光亮。素漆家具做好后，再根据需要以别色漆施加彩绘的即成为彩漆家具。彩漆有以下几种：洒金，亦名撒金，即将金箔碾成碎末，洒在漆地上，外面再罩一层透明漆。

图5-3 明代彩漆屏风

明代漆工艺较前代又有发展，品种已达到十几个。这件以彩漆加金描绘山水风景的屏风，是其中一个品种。

图5-4 明代黑漆嵌螺钿罗汉床

此床黑漆嵌硬螺钿，古代有“漆不言色皆黑”的说法。又称大漆螺钿，是漆器家具中的一个品种。明清两代均很常见。

描金，又名描金画漆，是在漆地上以泥金描画花纹。描漆，又名设色画漆，即在素漆地上用各色漆描画花纹。填漆，是先在漆地上阴刻花纹，然后依纹饰色彩用色漆填平。戗划，是在漆面上用针或刀尖刻划出纤细的花纹，然后在阴纹中打金胶，将金箔粘上去，成为金色的花纹。在漆家具中，还有综合多种工艺于一身的，称为综合装饰方法。

雕漆，是以木制成家具胎骨，经夹贮后上红漆，待漆干至八成时，上二道漆，再干至八成时上三道，直至七八十道。最多者至一百二十道漆。然后在漆上雕刻各种花纹。再经烘干，使漆变硬，即为成品。这种手法装饰的家具以红漆居多，又名“剔红”。

2. 镶嵌

镶嵌是指用别种物料相配合，在家具上组成各种各样的花纹装饰。镶嵌又名百宝嵌，分平嵌和凸嵌两种。平嵌，即所嵌的纹饰与地子表面齐平，凸嵌即所嵌纹饰高于地子表面，隐起如浮雕。

图5–5 清初花梨嵌人物立柜/对面页
在紫檀、花梨等硬木器物上施加镶嵌，是明代嘉靖时周柱首创的工艺手法，又名“周制”。后世多有仿制。是家具装饰艺术的又一品种。

平嵌法是先以杂木制成骨架，涂生漆，趁漆未干糊麻布，用压子压平，阴干后上漆灰腻子。干后上生漆，趁黏将事先准备好的嵌件依所需纹饰粘好，干后在地子上打细漆灰，使与嵌件齐平。漆灰干后略有收缩。再依所需颜色上两至三道漆。干后打磨使嵌件完全显露出来，再上一道光漆，即为成品。

凸嵌法，即在各色素漆家具或各类硬木家具表面根据纹饰需要，雕刻出相应的凹槽。将嵌件粘嵌在槽内。嵌件表面再施以适当的毛雕，使图案显得更加生动。这种做法图案大多高于地子表面。个别也有与地子表面齐平的，如桌面、凳子面。由于凸嵌法的图案显示出强烈的立体感，因而深受人们喜爱。

3. 雕刻

雕刻装饰手法分平雕、浮雕、透雕、圆雕、毛雕、综合雕几种。

平雕，即所雕刻的花纹都与雕刻品表面保持一定高度或深度。平雕有阴刻、阳刻两种。挖去图案部分，使图案低于衬地表面的称阴刻。挖去衬地部分，使图案高于衬地表面的称阳刻。如柜门镶板上的条子线，插屏座上的鱼鳃板等，常用平雕手法，且以阳刻为多。

浮雕，即凸雕，分低浮雕、中浮雕和高浮雕三种。它们的图案纹路都有明显的深浅高低变化。这是它与平雕的不同之处。

图5-6 清初紫檀雕荷花宝座

明清家具的又一装饰手法是雕刻。这件宝座采用了浮雕、圆雕、镂雕及毛雕等多种手法，在雕刻家具中，为不可多得的精绝之作。

透雕，在家具中也是一种常见的装饰手法。即将图案的地子部分镂空挖透。图案本身再施以适当的毛雕，使图案显出半立体感的效果来。透雕有一面作和两面作之别。一面作即在一面施毛雕，将图案形象化。这种器物一般靠墙陈设。两面作是在两面施毛雕，如衣架上的雕花牌子。

圆雕，即立体雕，又称全雕。体现在家具上常见于盆架的望柱，竹节形的桌子腿等。

毛雕，即在图案上施以粗细深浅不同的线条进一步表现图案的一种装饰手法。

综合雕，是指在同一件家具上同时运用了平雕、浮雕、透雕、圆雕、毛雕，或同时运用其中几种手法的，称为综合雕。

4. 金属饰件

金属饰件是以使用和保护为主要目的构件。但经过艺人们的艺术处理，使这些金属饰件都有各自的艺术造型。它不仅具有加固功能，又具有很强的装饰效果，造型优美和色调柔和的家具再配上金光闪闪的饰件，形成强烈反差，使家具更为美观。

金属饰件主要有合页、面叶、拍子、扭头、吊牌、曲曲、眼钱、包角、套腿、提环等。每类都有众多的造型。如合页，有长方形、圆形、六角、八角及各种花边形。吊牌有

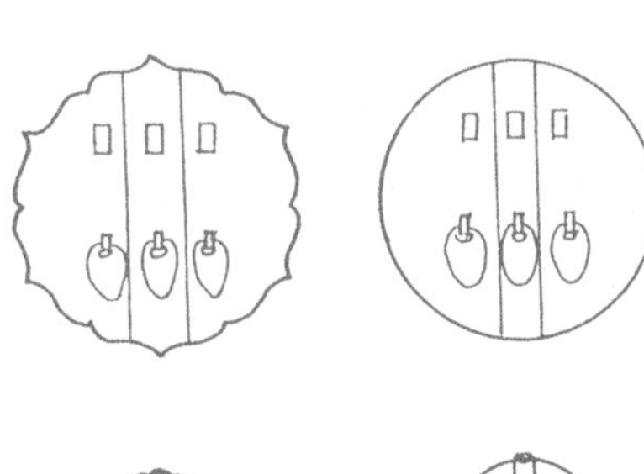
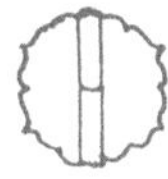
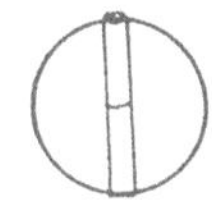

面叶与合页

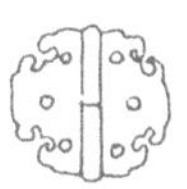

云纹面叶与合页

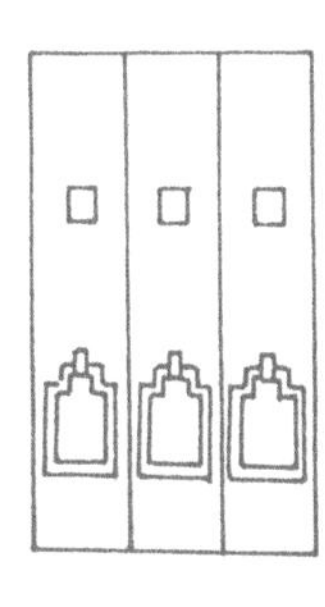
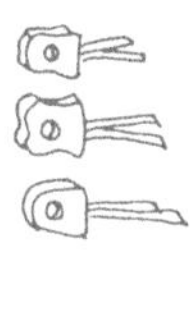

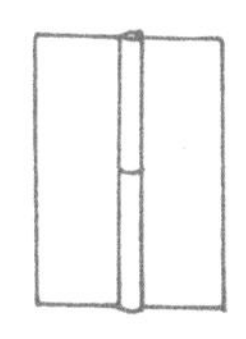

长方面条与
长方合页
钮头与曲曲

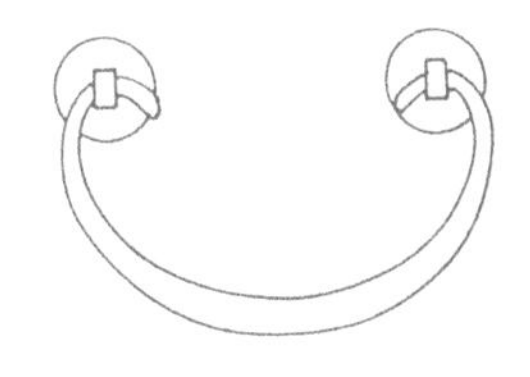
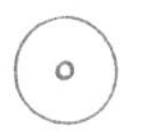

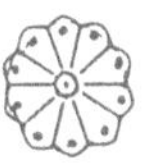

提环及眼线

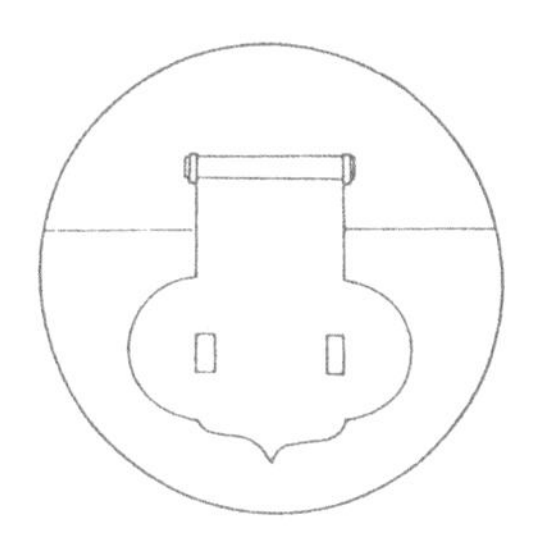

箱子前脸面叶与拍子

图5-7 不同的金属饰件示意图

椭圆形、长方形、花篮形、花瓶形、钟形、磬形、双鱼形等多种。眼钱有圆形、方形、海棠形、梅花形、葵花形、菊花形等。由于金属饰件的衬托，给家具增添了无穷的色彩。明清时期大量实物证明，匠师们在处理实用、结构、装饰的关系上，艺术手法和艺术理论都达到了很高的水平。

六、传统家具装饰花纹

图6-1 太和殿龙纹宝座/前页
北京故宫太和殿屏风及宝座以龙纹作装饰，显得威严庄重。是皇权至高无上的象征。

传统家具的艺术性除结构合理、造型优美外，还要辅以各种不同的纹饰来表现。各种做工精细的装饰不仅使家具具备华丽的外观，还可根据装饰花纹的含义，让使用者或观赏者在精神上和心理上都得到满足。这说明古代匠师对传统家具的装饰不仅具备精深的美学观念，同时也蕴含着浓厚的传统文化意识和思想观念，从而显示出强烈的民族风范。

传统家具的装饰花纹极为丰富，归纳起来有如下几种。

1. 线脚纹

指对家具的面沿、牙子、枨子、腿和足所进行的艺术加工。是各类家具常用的装饰纹样。尤其在简练型家具上体现得更为突出。由于线脚的作用，在很大程度上增加了家具优美、柔和的艺术魅力。如板面侧沿，如果只用一种直沿，则显呆板。经过匠师的加工，把它们做出各种造型，如冰盘沿、打洼沿、劈料沿、泥鳅背等；牙板的边缘多依牙板曲线雕出随形压边线。腿的装饰较多，有素混面、混面单边线、混面双边钱、单打洼、双打洼、委角、劈料等。论造型有方、圆、曲、直之分。圆腿除曲直之分外，多无装饰。方腿则有三弯腿、弧形腿、展腿之分。三弯腿是在拱肩处向外膨出后再向内收，将至尽头时又顺势向外翻，整体造型呈“乙”字形。这类造型，多见于香几。其外形轮廓犹如花瓶；弧形腿的造型是自拱肩处向外膨出后再向内收，做出内翻马

图6-2 清代红雕漆嵌玉石荷花屏风宝座

这套屏风宝座的边框为红雕漆工艺饰缠枝莲，屏帽饰云龙纹。屏心及宝座围子的板心为米色漆地，用起槽凸嵌法嵌荷花、水蓼、飞鸟等图案。寓意君主圣洁。

图6-3 明代紫檀雕灵芝案

灵芝自古以来被人们视为仙草，历代以为祥瑞名物，君主圣明则生，民间也以见到灵芝为草瑞，是宫廷及民间喜闻乐见的装饰题材。

蹄。四腿呈弧形。牙板随腿向外膨出，俗称弧腿膨牙；展腿又称接腿，是桌腿自拱肩下约20厘米处做成内翻或外翻马蹄。马蹄以下继续向下延伸至地。给人的感觉是两节桌腿。它是由事实上的接腿桌演变而来。其他还有蚂蚱腿、仙鹤腿等，也是在腿上做适当的装饰。

足部装饰也有各种造型，较常见的有内翻马蹄、外翻马蹄，马蹄大多装饰在有束腰家具上，无束腰家具很少用。马蹄装饰的历史可以上溯到隋唐时期，是由床榻腿间的壶门牙逐步演化而来的。除此之外，还有象鼻足、舒卷足、卷叶足、鹤腿蹼足等，极大地丰富了家具的造型。

图6-4 清代紫檀边嵌牙“海屋添筹”插屏

这件插屏以象牙雕刻及翠鸟羽毛镶嵌成画。“海屋添筹”一词取自神话传说，意在祝颂幸福、长寿。

2. 龙凤纹

龙，自古以来被尊为华夏之神，传说为鳞虫之长，能兴云雨，利万物，使风调雨顺，丰衣足食，故为四灵之一。《易经》：“飞龙在天，大人造也。”后来用以比喻君主。历代皇帝都把自己比作真龙天子，以为自己是龙的化身。因此，以龙纹作装饰的器物为帝后们所专用。至于民间使用的家具则多为夔龙、螭虎龙、蟠龙、虬龙。

凤纹。凤凰是传说中的神鸟，宫中常喻后妃。历代又以凤为瑞鸟。《大戴礼》：“有羽之虫三百六十，而凤凰为之长。”传说凤鸟非练实不食，非礼泉不饮。有圣王出则凤凰见。雌雄同飞，相和而鸣。遂以“凤鸣朝阳”喻高才逢时；“鸾凤和鸣”，为祝人婚礼之辞。

3. 植物纹

传统家具中的植物纹常见有荷花、牡丹、灵芝、松、竹、梅、桃、石榴等。以荷花、牡丹为最多。荷花，又叫莲花，是佛教中极受推崇的纹饰，代表净土，象征纯洁，又寓意吉祥。民间常喻君子。宋周敦颐《爱莲说》谓：“莲花之君子者也。”誉莲花出淤泥而不染。

牡丹纹。装饰花纹有折枝和缠枝之分。折枝牡丹多饰于柜门板心上，或雕刻或彩画。缠枝牡丹则多用于装饰花边。周敦颐《爱莲说》：“牡丹花富贵者也。”后人多以牡丹花象征富贵。

图6-5 清代红雕漆寿山福海插屏

“寿山福海”为神话传说中的仙境，取“福如东海，寿比南山”之意。用作装饰图案，意在祝颂幸福、长寿。

灵芝纹。灵芝本为一种名贵药材，由于数量稀少，得之不易，被视为仙草。又被当做祥瑞的象征。传说服之长寿，能起死回生，有许多小说把灵芝与神话故事联系在一起，更增加了灵芝的神奇色彩。

忍冬纹。忍冬是一种缠绕植物，因其花长瓣垂须，黄白相半，俗称金银花。凌冬不凋，故有忍冬之称。《本草纲目》云："忍冬久服轻身，长年益寿"，故取其"益寿"、"吉祥"的含义。多用作佛教装饰。

松、竹、梅，传统纹饰，俗称"岁寒三友"。松能御风傲雪，四季常青，象征长寿。竹，历寒冬枝叶不凋，易滋生，成长快，象征不刚不柔，又喻子孙众多。梅，能于老干上发新枝，又能御寒开花，象征不老不衰。梅花五瓣，民间又借其表示五福。

西番莲，又称西洋莲，一种传统缠枝花卉。因其结构连绵不断，故具生生不息之意。自汉代传入经南北朝、隋唐、宋元和明清，历代沿用。图案优美多姿，富有动感。

锦纹，即几何纹，种类繁多。以万字锦使用最多。图案的万字写作"卍"。古代一种符咒、护符或宗教标志。被认为是火的象征。梵文中意为吉祥之所集。佛教认为它是释迦牟尼胸前所现的瑞相。用"卍"字四端向外延伸，可以演化出多种锦纹，又名"万寿锦"。

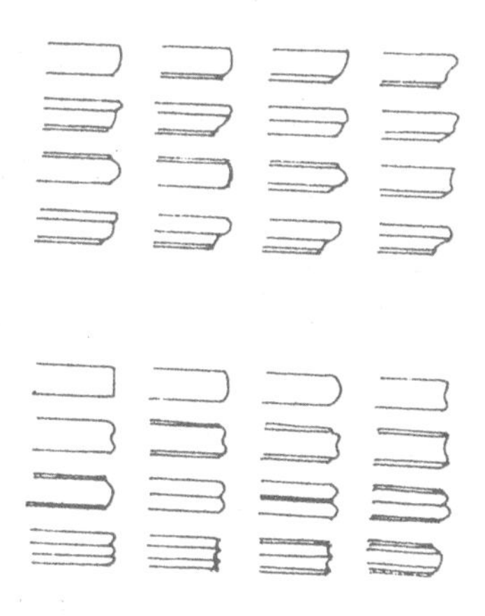
各种冰盘沿、侧沿示意图

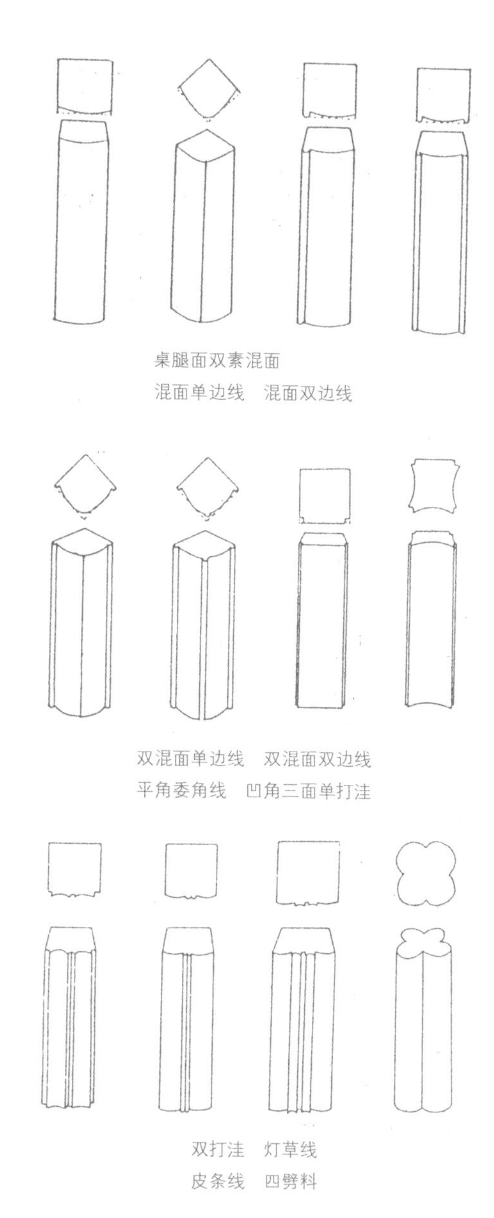
桌腿面双素混面
混面单边线　混面双边线

双混面单边线　双混面双边线
平角委角线　凹角三面单打洼

双打洼　灯草线
皮条线　四劈料

图6-6 水平和秀直的装饰线脚示意图

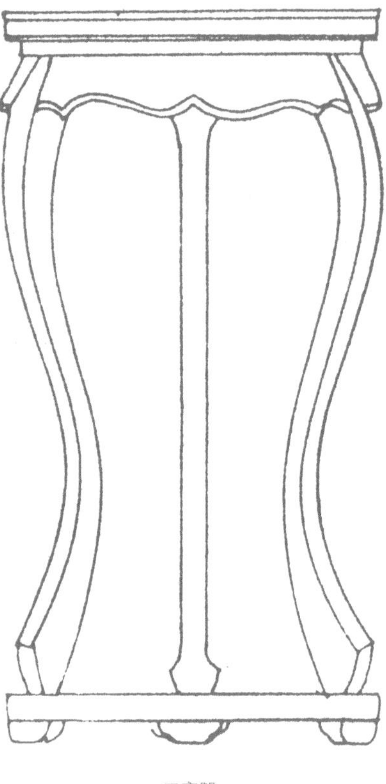

三弯腿

图6-7 几、凳的曲线示意图

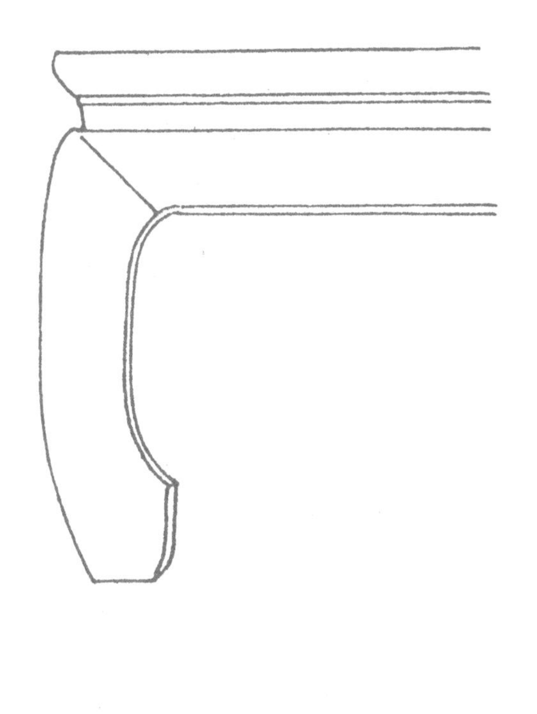

鼓腿蓬牙

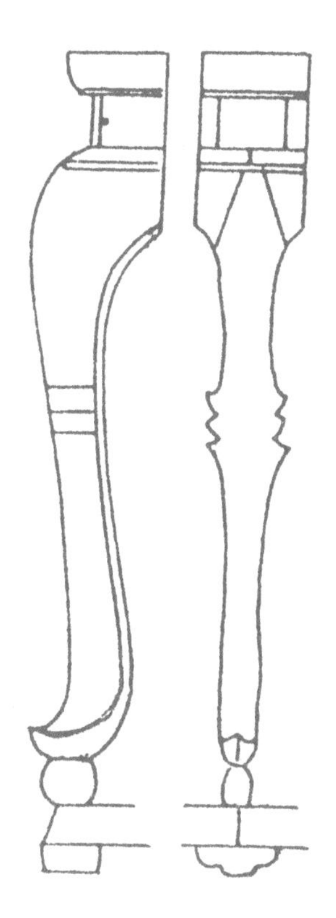

蚂蚱腿

4. **博古纹**

起源于北宋，徽宗命王黼等编绘宣和殿所藏古器，名曰《宣和博古图》，计三十卷。后取该图作家具装饰，清代使用最多。寓意清雅高洁。

5. **神话故事**

取自民间传说，如海屋添筹、河马负图、八仙过海、寿山福海、群仙祝寿；另外还有佛教崇尚的八宝和反映民间生活的灯节、年景等图案。这些都反映了人们向往长寿、吉祥的好愿望。

清代末期，家具的装饰花纹多以各种物品名称的谐音拼凑成吉祥语。如两个柿子配一个如意或灵芝，名曰“事事如意”；蝙蝠、山石加如意灵芝，名曰“福寿如意”；宝瓶内插灵芝曰“平安如意”；佛手、寿桃、石榴合起来名为“多福多寿多子”；满架葫芦或葡萄名为“子孙万代”……凡此种种，不胜枚举。且造型臃肿，呆板，雕刻多粗俗不堪，毫无意趣可言，更无研究和借鉴的价值。

七、明式家具风格特点

明式家具是明代匠师们在总结前人的智慧和经验的基础上，加以创造和更新的结果，取得了辉煌成就。由于它始终保持着一贯风格，绝少接受外来影响，在世界家具体系中独树一帜，享有盛誉。

王世襄先生经过多年潜心研究，把明代传统家具分为明代和明式两个概念。“明式家具”本身是一种艺术概念。它指的是明代家具中的优秀作品，清代或近现代依明式仿制的优秀作品也可列入明式。明代家具是特指明代制作的家具，但明代家具不一定全是优秀作品。王先生把明式家具风格特点归纳为十六品，把明代家具中的不足归纳为“八病”。十六品分别为：简练、淳朴、厚拙、凝重、雄伟、圆浑、沉穆、秾华、文绮、妍秀、劲挺、柔婉、空灵、玲珑、典雅、清新。八病分别为烦琐、赘复、臃肿、滞郁、纤巧、悖谬、失位、俚俗。十六品又划分为五种不同风格，如厚拙、淳朴、凝重、雄伟、圆浑、沉穆均属于简练型。这类风格的家具，大多采用极为简练的手法制成。每个构件都交待得干净利落，功能明确，分析起来都有一定意义。不仅结构合理，造型也很美观。虽无雕刻装饰，却并不感觉单调。偶尔施加少许雕刻装饰，也不过是局部点缀而已，丝毫不影响简练的主调。如厚拙，一般指造型稳重，用材丰厚；圆浑，是指圆润、浑成的风貌，不惜剖解大材和选用精美材料。简练型的特点，无论视觉上还是触觉上，都有圆润无棱角的感受，给人以精神上的满足。

图7-1 明代榉木官帽椅

此椅造型简洁，每个构件都交待得干净利落。且功能明确、合理，在明式家具品类中属简练型风格。

图7-2 明代花梨棂格书架
秾华多指装饰繁缛，但由于做工精细及图案极富规律性，给人以繁而不乱，百看不厌的感觉。

图7-3 明代黄花梨四出头官帽椅

此椅造型俊秀挺拔，靠背及扶手又依人体自然形态做成曲线形，且弯曲有力适度，富有弹性。为明式家具中的典型代表。

秾华型和简练型风格截然不同，它们都有精美而繁缛的装饰花纹。有的则用小块木料拼接成各式几何纹，属于装饰性较强的类型。这类家具的装饰虽繁，但极富规律性，给人以豪华、秾丽的富贵感受，而没有烦琐的感觉。有的花纹虽繁，但由于造型别致，器身各部比例匀称，线条优美，雕刻花纹图浑丰满，因而收到文雅、妍秀的艺术效果。

劲挺和柔婉。劲挺，形容家具俊秀、挺拔，尤其是承重的腿足，多交待得干净利落，且用料合理，粗细适中，恰到好处。柔婉，多形容靠背椅的立柱及扶手。明式扶手椅大多根据人体脊背自然特点将椅子背板做成“S”形，且与坐面形成100°—105°的背倾角，所以两边立柱亦做成向后弯曲的曲线。扶手自立柱向前微向两侧张出，然后又向内收，至尽头又微向外撇，目的在于扩展坐面空间。扶手中部装联帮棍儿。这些构件的曲线，必须用较大的材料才能制造出来。加上做工精细，线条流畅自然，极具柔婉和弹性感。它集科学、审美、实用为一体，是明式家具的典型代表。

空灵和玲珑。空灵风格的家具首要特点是简练，在简练的前提下，把框架间的空当处理得畅快明朗。玲珑与空灵稍有不同，它是在家具上大面积地施用透雕手法，常见的有明式插屏、屏心四周和坐架鱼鳃板都用透雕做法。框内透雕的螭纹图案，螭尾上下翻卷，彼此相连。且两面施加毛雕，形象生动。纹饰虽繁，但极富规律性，加上透空的衬托，给人以玲珑剔透的感受。

图7–4 明代黄花梨大插屏

此插屏在简练的框架中间又施以大面积的透雕图案。由于透空的效果，使繁缛的纹饰更为生动、活泼，给人以玲珑剔透的感受。

图7-5 明代黑漆描金龙纹药柜

药柜通常在正面平列药橱，而此柜在中间装转轮儿，药橱可旋转，且装饰华丽。柜门不用合页，而用球形转珠，达到了既保护柜身图案的完整，又不影响使用功能的目的。

典雅、清新，这两品是指做工精细、纹饰新奇为特点的作品。典雅，言其有来历而不庸俗；清新，言其大胆创新，悉摈陈旧。这两者都要求匠师具备高超的技艺和修养。它必须在传统纹饰的基础上推陈出新，但又不是故弄新奇，矫揉造作。

概括起来说，这也是制作明式家具的原则和规律，如果违背这些原则和规律，势必堕入八病之列。

王世襄先生总结的十六品，精辟、系统、科学地概括了明式家具的风格和特点，已成为我们衡量和品评传统家具优劣的标准尺。

八、清式家具及其流派

清代家具在康熙朝以前还大体保留着明式风格，因此家具界学者一般把明清家具风格的界线划在康熙晚期。到乾隆时，已发生了很大变化，形成了独特的风格。这与当时社会经济的发展和思想状况的变化有着密切的关系。清朝入关后，统治者立即采取措施，鼓励和发展生产。在经济发展的同时，手工业和商业也得到了恢复和发展。根据有关史料证实，在当时的大中城市中，普遍存在着木作、铜作、铁作、漆作等。其他如景泰蓝、骨雕、牙雕、木雕等，也相应有了发展和提高。在手工业技术提高的同时，统治阶级为满足他们的生活享乐，役使劳动人民为他们修建一座座园林、住宅、官邸。举世闻名的圆明园就是在这一时期修建起来的。乾隆皇帝六次南巡，江南各地名胜俱造行宫，摆列陈设，如象牙雕、紫檀、花梨屏座、铜、瓷、玉器等，其架垫，有龙凤、水云、汉纹、雷纹、洋花、洋莲诸样，极尽奢华。在最高统治者的影响和带动下，各级官吏及地方豪强竞相效法，在统治阶级中间形成一股争奇夸富之风。这种社会风气，对当时家具行业的发展起到很大的推动作用，并形成独特的清式风格。

清代，生产家具的作坊遍及全国，其中以苏式、广式、京式最为著名。被称为家具生产的三大名作。在这三大名作中，又以广式家具最为突出，并得到统治阶级的赏识。清宫造办处在木作中又另设广木作，从广东招募优秀工匠，为皇家生产广式家具。

图8-1 清代广式紫檀柜格

此器用料充裕，做工考究，经过巧妙装饰后，无臃肿之嫌。装饰花纹雕刻深峻，并带有西洋花纹痕迹。不加漆饰，为广州特点及风格。

明末清初之际，由于西方传教士的大量来华，促进了中国经济文化的繁荣。广州由于其特定的地理位置，便成为我国对外贸易和交流的重要门户。加之广东又是贵重木材的主要产地，南洋各国的优质木材也多由广州进口。原料充裕。这些得天独厚的有利条件，赋予广式家具独特的艺术风格。广式家具风格特点主要表现在：①用料充裕，家具各部构件不论弯曲度有多大，一般不用拼接做法，而习惯用一块整木挖成；②木性一致，广式家具为讲求木性一致，多用一种木料做成，决不掺杂别种木材。且不加漆饰，使木质完全裸露，一目了然；③雕刻深峻，装饰花纹多采用深浮雕手

图8-2 清代广式紫檀绣墩
该绣墩用料粗硕，颇显敦实稳重。通体雕饰西洋花纹。为清代中期广式风格。

图8-3 清代苏式紫檀嵌竹丝梅花凳

凳体梅花式，双层沿，束腰浅浮雕冰梅纹，为中国传统纹饰，牙子及上下枨子均随面板做成梅花形，并在中间起槽镶嵌竹丝。竹丝与紫檀形成色彩反差，增加美感。凳子里面髹黑素漆里儿，为清代中期苏州特点。

法，其风格在一定程度上受西方建筑雕刻的影响，其花纹多取西式番莲。

苏式家具，是指以苏州为中心包括长江下游一带所生产的家具。苏式家具形成较早，举世闻名的明式家具即以苏式家具为主。进入清代以后，由于社会风气的影响，苏式家具也开始向烦琐和华而不实的方面转变。这里所讲的苏式家具，主要指清代而言。

苏式家具以俊秀著称，用材节俭，用料及总体尺寸相对略小，且常用拼接做法。装饰手法以攒斗居多。这样可以节省木料，即使是拇指大小的小木块，也能派到用场。大件家具多以硬木制成骨架，面心及门板则多以松木髹漆。也有的家具采用包镶手法，即以杂木制成骨架，再以硬木薄板粘贴在表面，为了不让人看出破绽，通常把拼缝处理在棱角处，使家具表面木纹完整。为了节省木材，还常在暗处掺杂其他杂木。这种情况，多表现在家具构造的穿带上，且多用罩漆，目的在避免穿带受潮变形，同时也有遮丑的作用。

镶嵌及彩绘是苏式家具的一大特点。凡柜门、箱面等多采用漆地镶嵌。桌子、凳子则多为漆心彩绘。大件屏风或插屏则采用堆嵌法，整板雕刻的不多。镶嵌材料多为各色玉石、象牙、螺钿，各种颜色的彩石，也有相当数量的木雕。木雕中又以鸂鶒木居多数。装饰题材多取自名人画稿及传统纹样。极少掺杂西洋纹饰。

图8-4 清代京式花梨金包角宴桌

该宴桌做工风格接近明式。面沿四角及四拱肩饰金质云纹包角。在清代宫中则例中记载，只有皇帝及皇后才能使用。用料考究，造型及做工均极古朴典雅。装饰材料昂贵，器里无漆饰。为清初宫中造办处作品。

京式家具，一般以清宫造办处所做家具为主。由于广式家具木材多由广州运来，一车木料碾转数月才能运到北京，沿途人力物力，花费开销亦很可观，因此在制作家具时一般都要先画样呈览，经皇帝批准后方可制造。在造办处的档案中，常有这样的记载，皇帝看后觉得某部分过大或不太美观，及时批示将某部分收小或修改。这样就形成较广式用料要小，较苏式用料又大，有拼接现象但一般不掺假。还有时由苏州木匠画样再用广州木匠制作的，形成苏州样、广东匠的风格。笼统说来，在用料上和做工上介于苏式与广式之间者，即为京式家具。造办处制作的家具在纹饰上还有一个特点，它从皇宫内收藏的古代铜器、玉器和石刻上吸取素材，巧妙地装饰在家具上。在家具上装饰古代铜器、玉器纹饰早在明代已有，清代是在明代基础上又更加扩大。常见有夔龙、夔纹、螭纹、拐子纹、饕餮纹、兽面纹、雷纹、勾卷纹等，显示出各式古色古香、文静典雅的艺术形象。

其他地方风格以宁波和福建的髹漆家具最为有名。宁波以光润取胜，福州以绘画取胜。还有江西的嵌竹制品，山东潍县的嵌金银制品，也较有名。

明代中期，扬州有个叫周柱的人，首创凸嵌法。以金银、宝石、珍珠、珊瑚、碧玉、翡翠、水晶、玛瑙、玳瑁、车渠、青金石、绿松石、螺钿、象牙、蜜蜡、沉香等，雕刻成山水人物、树石楼台、花卉翎毛，镶嵌在紫檀、

图8-5 清代京式紫檀嵌碧玉云龙插屏

该插屏以紫檀做边框。屏心两面嵌碧玉，浮雕海水云龙纹。四边以镀金铜条镶边。嵌小块碧玉云龙心。玉质纯正，镶嵌面积大，系皇宫造办处玉作所为。

图8-6 清代花梨嵌螺钿盆架

盆架花梨木制，器身满嵌云纹及龙效。系在木器表面按纹饰要求起槽儿，再将螺钿、彩石、玉等材料制成纹饰嵌件，嵌进槽内。花纹表面高出木地儿。此法为明代扬州人周柱首创，清代多有仿制。作品因其人而名“周制”。

图8-7 清代周制紫檀嵌螺钿花鸟盒

花梨和漆器之上。大至屏风、桌案、窗格、书架，小则笔床、茶具、砚匣、书箱，五色陆离、难以形容。当时称其作品为“周制”。周柱系明嘉靖时人，为严嵩所养，专为严嵩制作器物，嵩败，器物尽入官府。清初流入民间，到乾隆时，其技盛行。当时的王国琛、卢映之，以及嘉庆道光时的卢葵生都擅长此技。他们对家具技艺的发展和清代家具风格的形成，起到了重要作用。

九、关于古典家具收藏热

1985年，王世襄先生《明式家具珍赏》出版，在国际、国内引起巨大反响。对中国古典家具的研究起到很大的指导和推动作用。这里所说的研究、指导、推动分两个方面。一方面，一帮愚昧贪婪的商贩们利用此书作指导，加大了珍品家具外流的数量和速度。以香港地区为例，《珍赏》发行后的四五年中，一家收藏几十件黄花梨家具的已不罕见。有的甚至可以举办家具专题展览。外流到其他国家和地区的肯定还要多得多。另一方面，《珍赏》使中国有识之士认识了传统家具的珍贵。并涌现出一批收藏家，为国家保留了一部分财富。但总的来说，真正的珍品却少得可怜。因为从经济实力来讲中国收藏家和外国收藏家相比，毕竟差距很大。这个差距造成的效应则是外流家具多数是二级文物，少数有一级或三级文物。而国内收藏家所收则多数为三级或四级文物，极少数够得上二级文物的。有时卖主在外商外汇的诱惑下，仍使国内具有相当财力的买主可望而不可即。王世襄先生为此大声疾呼："这样下去，难道今后研究中国古典家具真要到外国去留学不成。"

由于古典家具热，无论公、私藏家或出于收藏，或出于转卖的目的，遇有损伤开胶需要修复的，都较快地提到日程上来。有的自行修复，有的请到木工，但大多没有修复古典家具的经验。即使请到有经验的师傅，主顾双方讨价还价，限定工额，也会迫使他们草率从事。为节省工时，有的木工不是将卯榫洗净重粘，而是锯断榫头，一粘了事，对古典家具造成人为的严重破坏。

面对以上种种情况，国内学者及爱好者于1989年在北京成立了中国古典家具研究会。在中国工艺美术学会下又成立了收藏家委员会，开展学术活动，出版学术刊物，宣传保护古典家具。国家文物局和中国工艺美术学会还分别举办了古典家具学习鉴定班，对研究、保护和扼制珍品家具外流起到了积极的作用。

中国古代家具历史年表

名称	出现年代	缘由及演变
梡俎	新石器时代晚期—公元前21世纪	梡俎，古代祭祀、宴享之器，始于有虞氏（即舜时）。郑玄注云："梡，断木为四足而已。"
床	新石器时代晚期—公元前21世纪	传说床始自神农，《物原》说："神农作床。"见于正史记载的有《诗经·小雅·斯干》"载寝之床"。还有《尔雅》、《易剥卦》等书。床为坐卧之具。汉《释名》："人所坐卧曰床。"
嶡俎	公元前21世纪—前16世纪，夏	嶡俎，夏朝祭祀、宴享之器。《礼记》："夏后氏嶡俎，似梡而增以横木以距于足口也。"（《三才图绘·器用》卷二）
椟	公元前21世纪—前16世纪，夏	椟，即古代的小柜子，始于夏朝，《国语》中有"椟而藏之"的记载。
椇	公元前16世纪—前11世纪，商	椇，殷俎。《礼记·明堂位》："殷以椇"，郑注云："椇之言枳椇也。"枳椇之树，其枝多曲，商俎足弯曲，故名曰"椇"。
房俎	公元前11世纪—前771年，西周	房俎，西周祭祀、宴享之器。《礼记·明堂位》："周以房俎。"注曰："房谓足下附，上下两间，其制足间有横，下有附，似乎堂后有房然。"

名称	出现年代	缘由及演变
匮	公元前11世纪—前771年，西周	“匮”名始自西周，《尚书·金縢》中记载：“武王有疾，周公纳册于金縢之匮中。”它与夏代的椟为同一种器物，只是时代不同名称各异。古代的柜，并非今天之柜，而是我们今天习见的箱子。《六书故》：“今通以藏器之大者为柜，次为匣，小为椟。”
邸、扆	公元前11世纪—前771年，西周	邸、扆为同一器物，扆亦可写作依，即屏风。《周礼·掌次》：“设皇邸。”皇邸，即专为天子所设的以凤纹作装饰的屏风。
案	公元前11世纪—前771年，西周	案，几属，西周时期起居依凭之器。《周礼·考工记·玉人》：“案十有二寸。”《周礼·天官》：“王大旅上帝则张毡案。”
椸、楎	公元前11世纪—前771年，西周	椸、楎，即古代挂衣服的架子。起源于西周。分横竖两种。直立的杆或钉在墙上的木橛，用以挂衣，称为“楎”，横担的木杆用以挂衣，称作“椸”，或“桁”。《礼·内则》：“男女不同椸架，不敢悬于夫之楎架。”《尔雅，释器》：“竿谓之椸”，疏曰：“凡以竿为衣架者，名曰：椸。”

名称	出现年代	缘由及演变
几	公元前770年—前476年，春秋	几是古代坐时凭倚的家具。最早的记载见于《春秋左传》："诸侯之师，久于偪阳，荀偃士匄，请于荀罃曰：'水潦将降，惧不能归，请班师，智伯怒，投之以机，出于其间……"（此古文中"机"即"几"）。其次是《庄子》："南郭子綦，隐几而坐。"几的形制有两种。一种稍大，面上可供放物，几面长宽的比例较大。一种较小，几面极窄，微向下弯曲，又称"隐几"，是古代优待老人的一种礼仪家具。
屏风	公元前770年—前476年，春秋	屏风之名始于春秋。《春秋·后雨》："孟尝君屏风后，常有侍史记客语"，是目前所见较早的屏风资料。
食案	公元前475年—前221年，战国	春秋至战国时所用祭祀、宴享之器。宋代高承《事物纪原》载，"有虞三代有俎而无案，战国始有其称。燕太子丹与荆轲等案而食是也。案盖俎之遣也。"
榻	公元前206年—公元8年，西汉	榻，即古代的床的一种，榻名始于汉，汉代刘熙《释名》说："长狭而卑者曰榻。""榻，言其体榻然近地也。小者曰独坐，主人无二，独所坐也。"

名称	出现年代	缘由及演变
曲几	公元25—589年，东汉	曲几弧形，三足，汉末至魏晋时期常见的一种家具。始于汉末，古代壁画中屡有表现，出土文物亦很多。
胡床	公元168—189年，东汉（灵帝时）	胡床，即一种前后两腿交叉，交接点作轴，可以开合，形如今天的马闸。据《风俗通》载：“汉灵帝好胡服，景师作胡床，此盖其始也。今交椅是也。”《后汉书·五行志》：“汉灵帝好胡服、胡帐、胡床、胡坐、胡饭……京都贵戚皆竞为之。”
椅子	公元168—220年，东汉末	我国古代椅子的形象早在汉末至南北朝时就已出现。当时统称为床。椅子名称的使用则始自唐代贞元元年前后。唐代《济渎庙北海坛祭器杂物铭》碑阴载：“绳床十，注：内四椅子。”（文见《金石萃编》卷一〇三）这里所说的绳床十，内四椅子，说明当时的坐具还都称为床，为有所区别，把带靠背的坐具称为椅子，说明当时尽管有了椅子的名称，但并不普遍使用。

名称	出现年代	缘由及演变
凳子	公元100年—265年，汉末至三国	凳子的形象最早见于汉末。辽阳汉墓壁画中有凳子的形象。是一种细腰圆凳。方凳在魏晋时才出现，但当时还没有凳子的名称，统称为床。晋时才有凳名。《晋书·王羲之传》："魏时陵云殿榜未题，而匠者误钉之，不可下，乃使卫仲将悬凳书之。"
高桌	公元200年前后，东汉末	桌子的名称始自五代，然桌子的形象则在东汉末期即已出现。当时统称为案。但其高度比例已有别于汉代前的低型案。河南灵宝张湾汉墓出土的陶桌，从其长宽比例分析，应是最早的桌子的模型。
箱	公元220—265年，三国	汉代以前的"箱"字，专指车内存物之处。《左传》："箱，大车之箱也。"《篇海》："车内容物处为箱。"三国魏时才有特定的"箱"名。《太平御览》载："魏武帝曹操为兖州牧上书，山阳郡有梨，谨上甘梨三箱。"

名称	出现年代	缘由及演变
橱	公元265—316年，西晋	橱为一种带抽屉的小柜，其名始自西晋。有书橱、衣橱等名目。《晋书，顾恺之传》："恺之常以一橱画寄桓玄。"《南史·齐·陆澄传》："王俭戏之曰，陆公书橱也。"《癸辛杂志》："李仁甫为长编，作木橱十二枚，每橱作抽屉十二枚，每屉以甲子志之。"
翘头案	公元581—618年，隋	翘头案是一种案面两端加翘沿的家具。目前所见早期资料为隋代张盛墓出土的陶翘头案。此后唐代绘画如《六尊者像》中的翘头供案，即是典型的实例。
束腰桌	公元618—907年，唐	束腰装饰起源于佛教莲台的须弥座。至唐代始用于桌子的装饰。并首先在寺院和宫廷兴起。唐代《六尊者像》中有束腰桌子的形象。
书柜	公元618—907年，唐	专用的书柜始于唐，《杜阳杂编》载："唐武宗会昌初，渤海贡玛瑙柜，方三尺深，色如茜，所制工巧无比，用贮神仙之书置之帐侧。"白居易《长庆集》题文集柜诗："破柏作书柜，柜牢柏复坚。"

名称	出现年代	缘由及演变
月牙凳子	公元618—907年，唐	月牙凳子是唐代始兴的一种月牙形小凳。唐代绘画中多有所见。其表面施以彩绘，四面加铜环，垂彩带，为宫中妇女常用之物。
养和	公元618—907年，唐	养和是一种席地坐或床上坐时供靠倚的活动支架。俗称靠背，始自唐代。谢在杭《五杂俎》："皮日休……有桐卢养和一具，怪形拳跔，坐若变去，谓之乌龙养和。养和者，隐囊之属也，按李泌以松胶枝隐背，谓之养和……"
太师椅	公元1127—1279年，南宋	太师椅是特指在交椅椅圈上装一荷叶形托首的椅子。始自南宋秦桧当权时期。宋代张端义《贵耳集》说："今之交椅，古之胡床也，自来只有栲栳式，宰执侍从皆用之。因秦师垣（即大奸臣秦桧）在国忌所偃仰，片时坠巾，京尹吴渊奉承时相，出意选制荷叶托首四十柄，载赴国忌所，遣匠者顷刻添上。凡宰执侍从皆有之，遂号太师样。"

图书在版编目（CIP）数据

中国传统家具 / 胡德生撰文 / 摄影. —北京：中国建筑工业出版社，2013.10
（中国精致建筑100）
ISBN 978-7-112-15731-0

Ⅰ. ①中… Ⅱ. ①胡… Ⅲ. ①家具－中国－古代－图集 Ⅳ. ①TS666.202-64

中国版本图书馆CIP 数据核字（2013）第189361号

责任编辑：董苏华 张惠珍 孙书妍 孙立波
技术编辑：李建云 赵子宽
图片编辑：张振光
美术编辑：赵 清 康 羽
书籍设计：瀚清堂·赵 清 周伟伟 康 羽
责任校对：张慧丽 陈晶晶 关 健
图文统筹：廖晓明 孙 梅 骆毓华
责任印制：郭希增 臧红心
材料统筹：方承艺

中国精致建筑100

中国传统家具

胡德生 撰文/摄影

中国建筑工业出版社出版、发行（北京海淀三里河路9号）
各地新华书店、建筑书店经销
南京瀚清堂设计有限公司制版
北京顺诚彩色印刷有限公司印刷

开本：889×710 毫米 1/32 印张：3 插页：1 字数：125 千字
2016年12月第一版 2016年12月第一次印刷
定价：**48.00**元
ISBN 978-7-112-15731-0
（24358）